Ming Shen Jian
Yen Lung Chen

# Możliwości i zastosowania bezprzewodowego przesyłu energii

Ming Shen Jian
Yen Lung Chen

# Możliwości i zastosowania bezprzewodowego przesyłu energii

## Pojawiające się możliwości i zastosowania bezprzewodowego przesyłu mocy

Wydawnictwo Bezkresy Wiedzy

**Imprint**
Any brand names and product names mentioned in this book are subject to trademark, brand or patent protection and are trademarks or registered trademarks of their respective holders. The use of brand names, product names, common names, trade names, product descriptions etc. even without a particular marking in this work is in no way to be construed to mean that such names may be regarded as unrestricted in respect of trademark and brand protection legislation and could thus be used by anyone.

Cover image: www.ingimage.com

This book is a translation from the original published under ISBN 978-613-9-82812-8.

Publisher:
Wydawnictwo Bezkresy Wiedzy
is a trademark of
Dodo Books Indian Ocean Ltd., member of the OmniScriptum S.R.L Publishing group
str. A.Russo 15, of. 61, Chisinau-2068, Republic of Moldova Europe
Printed at: see last page
**ISBN: 978-620-0-81660-3**

## WPROWADZENIE

Obecnie Internet przedmiotów (IOT) jest popularnym tematem wdrożeniowym i badawczym. Większość urządzeń IOT jest zintegrowana z komponentami czujników, komponentami sieci i komponentami mocy. Każde urządzenie IOT pozyskuje informacje o środowisku za pomocą czujników. Jednakże, czujniki te potrzebują zasilania. Ze względu na fizyczną realizację, połączenie z przewodową linią zasilającą dla wszystkich urządzeń IOT jest niemożliwe. Wymiana baterii, która jako źródło zasilania urządzenia IOT zwiększa koszty czasu i zasobów ludzkich. Dlatego też możliwe jest bezprzewodowe przesyłanie zasilania dla urządzeń IOT.

Pierwotnie, większość czujników jest zasilana przez połączenie przewodowe. Czujniki te mogą pracować ze stabilną mocą. Biorąc pod uwagę rzeczywiste wdrożenie i środowisko, większość czujników jest ruchoma lub nie znajduje się tylko w jednym miejscu. W związku z tym, jak zapewnić zasilanie dla tych czujników lub systemów wbudowanych staje się tematem badań.

Obecnie większość ruchomych czujników lub systemów wbudowanych wykorzystuje baterię jako źródło zasilania. Innymi słowy, korzystanie z baterii jako źródła zasilania powinno rezerwować miejsce na baterię. W związku z tym, rozmiar czujnika lub systemu wbudowanego będzie większy, aby przyjąć baterię jako źródło zasilania. Bateria powinna jednak zostać wymieniona, aby utrzymać stabilne zasilanie. Innymi słowy, użytkownicy systemu muszą często wymieniać baterię. Będzie to kosztować czas i pieniądze.

W oparciu o koncepcję: elektromagnetyczne sprzężenie cewki, zaproponowano wiele zastosowań. Najpopularniejszym zastosowaniem jest system identyfikacji radiowej (RFID) (Jian, 2013). Identyfikacja radiowa (RFID) jest popularnym bezprzewodowym systemem indukcyjnym wykorzystywanym w IOT, płatnościach osobistych lub usługach indywidualnych na zamówienie (Jian, 2009a, 2009b; Wu, 2011; Jian, 2012). Kiedy niezależny tag RFID zbliża się do anteny RFID, następuje indukcja pomiędzy tagiem RFID a anteną. Jednocześnie, dzięki elektromagnetycznemu sprzężeniu cewki, tag RFID może odbierać zasilanie z anteny czytnika RFID i aktywować chip wbudowany w tag RFID. Wreszcie, sygnał danych i odpowiedź na czytnik RFID następuje poprzez bezprzewodową falę elektromagnetyczną. W związku z tym można świadczyć usługi bezprzewodowe między użytkownikiem tagu RFID a czytnikiem RFID (co obejmuje również usługi). Innymi słowy, do identyfikatora RFID można dostarczać energię elektryczną bezprzewodowo. Na przykład spółka Tajwan Far Eastern Electronic Toll Collection Co., Ltd. korzystała z elektronicznego systemu poboru opłat za przejazd autostradą ogólnokrajową opartego na technologii RFID (FETC, 2012).

Ponieważ zasilanie może być przesyłane z jednego urządzenia do drugiego za pomocą bezprzewodowej fali elektromagnetycznej, nie jest potrzebne żadne połączenie przewodowe. Oznacza to również, że urządzenie może być zasilane w oparciu o falę elektromagnetyczną bez baterii (Ostaffe, 2015; Wu, 2015). Powszechnie stosowana bezprzewodowa transmisja energii elektrycznej realizowana jest w oparciu o pojedynczą zaprojektowaną na żądanie cewkę lub antenę. Niektóre nadajniki do transmisji mocy wykorzystują tablice antenowe (cewki), które składają się z wielu małych anten lub cewek. Jednakże, ze względu na konstrukcję obwodu oscylatora nadajnika, większość pojedynczych lub zestawów antenowych (lub cewek) jest zaprojektowana ze stałą wielkością (powierzchnią), stałym kształtem lub stałymi obrotami cewki. Antena lub cewka nie jest wysuwana lub zmieniana dynamicznie.

Niestety, wydajność indukcji pomiędzy tagiem RFID a anteną zależy od 1. kierunku indukcji (kąta) cewki i pola elektromagnetycznego, 2. całkowitej ilości cewki, oraz 3. powierzchni cewki. Jeśli moc nie jest wystarczająco duża, indukcja nie może mieć miejsca. Albo układ scalony wbudowany w znacznik nie będzie działał. Ponadto, jeśli całkowita ilość cewki lub jej powierzchnia jest zbyt mała, indukowane pole elektromagnetyczne nie będzie wystarczające. Dodatkowo, zasięg indukcji lub odległość będą miały wpływ na wydajność transmisji mocy.

Innymi słowy, jak dynamicznie zmieniać i konstruować antenę, obwód i układ czujników jest ważny dla transmisji mocy (Cheng, 2003; Jian, 2017; Smith, 2011; Lee, 2012). Rysunek 1 przedstawia strukturę tagu RFID: Pętla bliskiego pola - antena do znacznika RFID o wysokiej częstotliwości (HF) oraz antena dalekiego pola - antena dipolowa do znacznika RFID o ultra wysokiej częstotliwości (UHF).

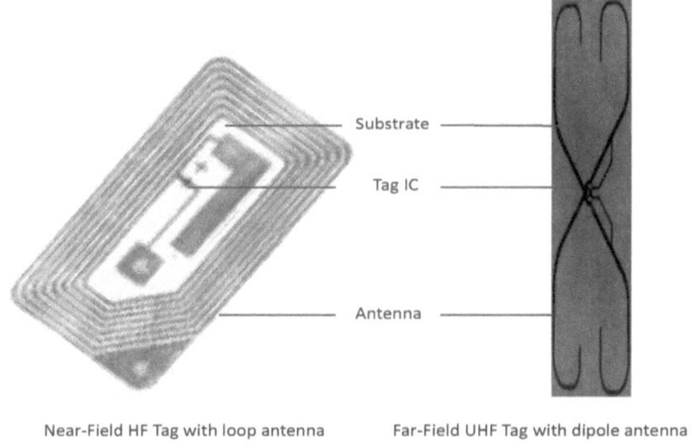


Rysunek 1. Struktura różnych typów tagów RFID.

W zależności od wielkości aktualnych fizycznych urządzeń IOT, miejsce na baterię może być różne. Dlatego ważne jest, aby zaprojektować moduł adaptacyjnej transmisji mocy dla różnych przestrzeni zamiast baterii. W tych badaniach, bezprzewodowa ładowarka mocy z dynamicznie obracającym się modułem antenowym składa się z obcinanego obwodu soft-substratowego ładowarki mocy oraz z obracającego się modułu antenowego. Proponowany moduł może 1) obniżyć koszty projektowania układu czujników, 2) zmniejszyć przestrzeń zasilającą, 3) w sposób adaptacyjny przebudować dla rzeczywistego środowiska realizacji. Projektant systemu może w sposób adaptacyjny rozszerzyć antenę indukcyjną i zmienić jej kształt lub rozmiar. Innymi słowy, różne systemy czujników bezprzewodowych mogą być zasilane bezprzewodowo w oparciu o zaproponowany moduł. Czujniki bezprzewodowe mogą być zasilane bez użycia baterii.

## TŁO

Systemy i urządzenia IOT są zazwyczaj używane i wdrażane w normalnym życiu. Istnieje wiele czujników, które mogą tworzyć usługi wewnątrz domu, w pojeździe, lub stosowane w przestrzeni publicznej. Jednak wszystkie te urządzenia IOT lub czujniki bezprzewodowe wymagają zasilania. Jeśli czujniki te działają bez zasilania przewodowego, oznacza to, że te urządzenia IOT lub czujniki bezprzewodowe potrzebują baterii lub wbudowanych generatorów prądu jako źródła zasilania.

W IOT eksploracja danych jest ważną częścią dużej analizy danych, która gromadzi dane poprzez bazę danych, bezprzewodowe czujniki lub system wbudowany. Jednak biorąc pod uwagę rzeczywistą implementację tych urządzeń IOT lub czujników bezprzewodowych, nawet telefonów komórkowych, zapewnienie zasilania za pomocą stałego kabla jest zbyt trudne, zwłaszcza dla urządzeń ruchomych. W związku z tym proponuje się i stosuje bezprzewodowy system ładowania do zasilania.

W oparciu o sprzężenie elektromagnetyczne, moc może być przekazywana między nadawcą i odbiornikiem za pośrednictwem sieci bezprzewodowej. Zgodnie z prawem Faradaya dotyczącym indukcji, pole magnetyczne będzie oddziaływać z obwodem elektrycznym w celu wytworzenia siły elektromotorycznej (EMF), zwanej również indukcją elektromagnetyczną.

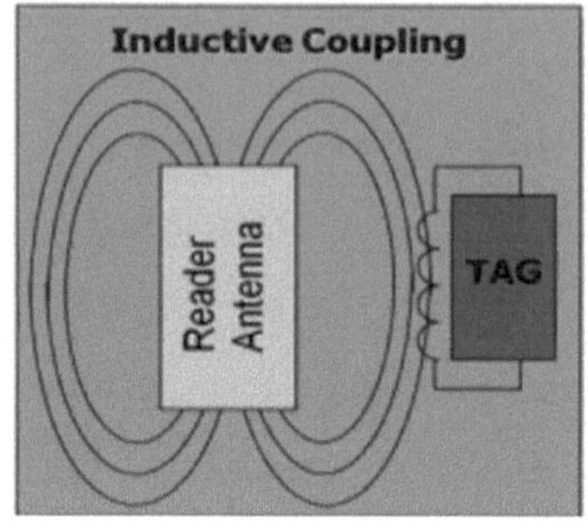


Rysunek 2. Indukcyjne sprzężenie pomiędzy anteną czytnika RFID a cewką znacznika RFID

EMF jest również podawany przez szybkość zmian strumienia magnetycznego:

$\mathcal{E} = -\frac{\Delta\varphi B}{\Delta t}$ (1)

gdzie Ɛ oznacza EMF, a ΦB jest strumieniem magnetycznym. Dla ciasno nawiniętej cewki z drutu, składającej się z N identycznych zwojów, każdy o tej samej ΦB, EMF może być przedstawiony jako:

$\mathcal{E} = -N\frac{\Delta\varphi B}{\Delta t}$ (2)

Jeśli B jest polem magnetycznym, a A jest polem cewki, wtedy EMF może być również przedstawiony jako:

$\mathcal{E} = -N\frac{\Delta BA\cos\theta}{\Delta t}$ (3)

gdzie θ to kąt pomiędzy normalnym wektorem powierzchni a polem magnetycznym.

Podobny do pola elektromagnetycznego transformatora:

$\mathcal{E} = 4.44 \times N \times \varphi \times f = 4.44 \times N \times (B \times A) \times f$ (4)

gdzie f jest częstotliwością prądu elektrycznego.

Ponadto, bazując na idealnej sytuacji, moc pomiędzy anteną indukcyjną nadawcy a cewką odbiornika może być taka sama. Stąd napięcie indukcyjne pomiędzy transformatorem, Vs, a odbiornikiem, Vr , można zdefiniować jako:

$$V_r \times I_r = V_s \times I_s \text{ and } \frac{V_r}{V_s} = \frac{N_r}{N_s} (5)$$

Innymi słowy, aby zwiększyć wartość EMF, projektant systemu może 1) zwiększyć wartość A, która wskazuje powierzchnię cewki, 2) zwiększyć składową N identycznych obrotów cewki, 3) spróbować zmniejszyć kąt $\theta$ jak najbardziej do zera, lub 4) zwiększyć częstotliwość prądu elektrycznego.

Aby ocenić moc uzyskaną przez $P_R$ odbiornika, załóżmy, że $P_T$ jest mocą od nadawcy. Następnie .

$$P_R = P_T \frac{G_T G_R \lambda^2}{16\pi^2 D^2 L} (6)$$

Gdzie $G_R$ i $G_T$ wskazują wzmocnienie anteny odbiornika i nadajnika (nadawcy), D jest odległością pomiędzy odbiornikiem i nadawcą, λ jest długością sygnału. Innymi słowy, jeśli częstotliwość f jest zbyt wysoka, moc uzyskana przez odbiornik zostanie zmniejszona. Aby pokonać tę wadę, należy zwiększyć moc z nadajnika lub zmniejszyć odległość pomiędzy transformatorem mocy a odbiornikiem.

Dlatego w tych badaniach bardzo ważne jest, aby dynamiczny i adaptacyjny moduł antenowy 1) zwiększał składową N identycznych obrotów, 2) zwiększał wartość A, która wskazuje powierzchnię cewki, oraz 3) utrzymywał $\theta$ , która wskazuje kąt pomiędzy normalnym wektorem powierzchni a polem magnetycznym.

Obecnie istnieją dwa standardy ładowania bezprzewodowego: Wireless Power Consortium (Qi) oraz Alliance for Wireless Power / Power Matters Alliance (AirFuel). System czujników lub urządzenia mobilne, takie jak Samsung, iPhone, które są zgodne z tym standardem, mogą usprawnić bezprzewodowe ładowanie energii. Większość systemów bezprzewodowego ładowania wyposaża akumulator, aby oszczędzać energię.

Dlatego też, większość systemów czujników powinna rezerwować miejsce na przechowywanie energii.

Jednakże, biorąc pod uwagę rzeczywiste środowisko realizacji, wstępnie zaprojektowana antena lub cewki dla tych systemów czujników są wykonane i używane. W oparciu o ostateczny rozmiar produktu, wstępnie zaprojektowana antena lub cewki są wbudowane, tak jak na rysunku 3.

Rysunek 3. Wstępnie zaprojektowana antena lub cewki są wbudowane w elementy handlowe.

Biorąc pod uwagę proponowany patent tajwański (nr I431887), bezprzewodowy system ładowania energii elektrycznej, istnieje stały rozmiar powłoki, cewka indukcyjna (antena), obwody sterujące, wkładka izolacyjna, i co najmniej jedno połączenie elektryczne. Dzięki zastosowaniu cewki indukcyjnej, energia elektromagnetyczna może być przekazywana jako energia elektryczna. Na podstawie obwodów sterujących i połączenia elektrycznego, wbudowany akumulator może być ładowany. Koncepcja patentu może być przedstawiona na rysunku 4. Nr 110 wskazuje cewkę indukcyjną (antenę). Nr 120 to obwody sterujące z połączeniem elektrycznym. Nr 150 przedstawia powłokę o stałym rozmiarze. Ten patent pokazuje, że system ładowania energii elektrycznej oparty na bezprzewodowej energii elektromagnetycznej jest możliwy.

Jednakże, patent ten nie przedstawia możliwości ani wykonalności zmiany rozmiaru akumulatora. Innymi słowy, można stosować tylko tradycyjny akumulator o stałym rozmiarze. Co więcej, patent ten jest proponowany w celu naładowania energii akumulatora. Nie proponuje się wymiany akumulatora, który był używany w systemie wbudowanym lub w urządzeniach IOT.

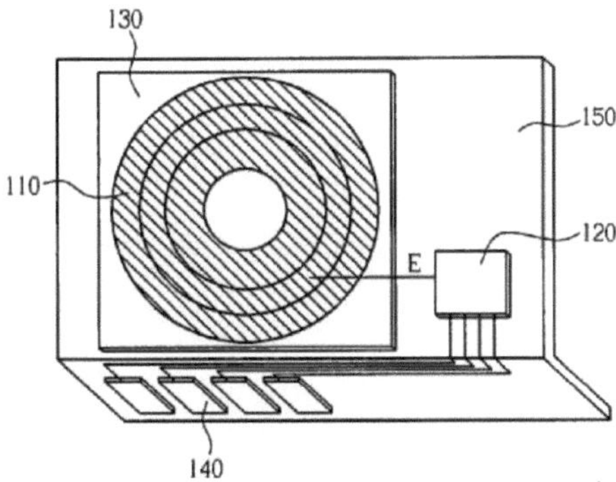


Rysunek 4. Koncepcja patentu tajwańskiego (nr I431887)

Inny patent (nr M466535, Tajwan) zaproponowany w przeszłości próbował przeprojektować baterię do bezprzewodowego przesyłu energii zamiast baterii rtęciowej. Tradycyjny rozmiar przycisków baterii rtęciowej został zastąpiony. Antena została przeprojektowana i wbudowana w baterię rtęciową pokazaną na rysunku 5. Na Rysunku 5 antena została zaprojektowana jako cewka do odbioru bezprzewodowej energii elektromagnetycznej. Następnie, odbierana energia bezprzewodowa może być dostarczana do systemu wbudowanego i urządzenia IOT. Innymi słowy, proponowany patent może być tak mały jak przyciski używane na ubraniach. Patent ten przedstawia również możliwość ładowania akumulatora poprzez odbiór energii bezprzewodowej. Jednakże, biorąc pod uwagę tradycyjny rozmiar baterii rtęciowej, całkowita ilość obrotów cewki będzie ograniczona. Dynamiczne zwiększanie rozmiaru lub liczby obrotów cewki jest trudne. W przypadku zmiany miejsca przechowywania baterii lub zmiany rozmiaru urządzenia IOT, bateria do ładowania bezprzewodowego o stałym rozmiarze nie może spełnić nowych wymagań i warunków ograniczenia.

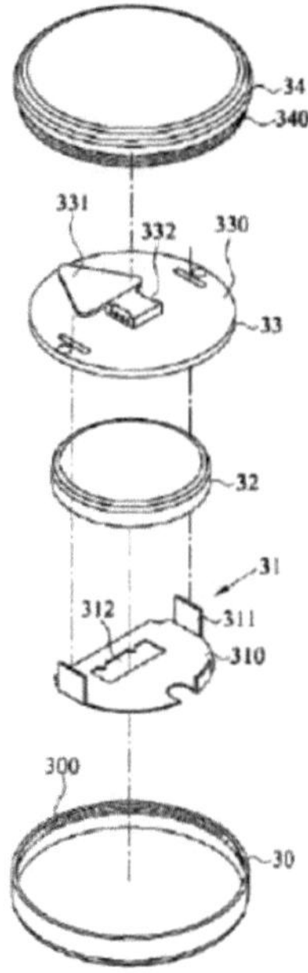


Rysunek 5. Rozmiar akumulatora rtęciowego z bezprzewodową transmisją energii w oparciu o małą cewkę (antenę).

Należy uwzględnić nie tylko cewkę indukcyjną urządzeń odbiorczych mocy, ale także cewkę lub antenę nadajników mocy. Obwód oscylacyjny jest zazwyczaj stosowany w bezprzewodowej transmisji mocy lub energii. Obwód ten można przedstawić w następujący sposób.

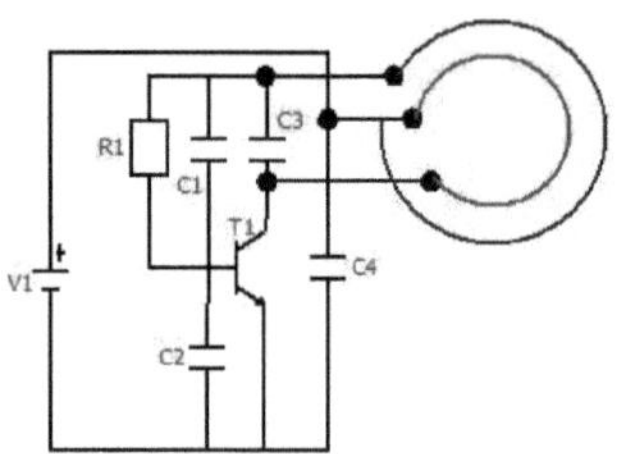


Rysunek 6. Obwód oscylacyjny do bezprzewodowej indukcji elektromagnetycznej.

W tradycyjnych cewkach problemem jest wydajność bezprzewodowej transmisji mocy lub energii, która jest związana z kształtem anten. Dzięki stałemu kształtowi, użytkownicy nie mogą łatwo regulować częstotliwości indukcji. Dlatego też, dynamicznie rozszerzając antenę w celu zwiększenia powierzchni cewki i składa się z N identycznych obrotów, lub w celu dostosowania anteny do lepszego kąta między normalnym wektorem powierzchni i pola magnetycznego, zmienny obwód ładowarki mocy i anteny będą potrzebne. W ten sposób antena, która zostanie zainstalowana na innym bezprzewodowym obwodzie ładowania, będzie bardziej odpowiednia.

Ponadto, gdy antena teleskopowa jest wydłużona, ale nie może być regulowana wraz z natężeniem sygnału, wydajność anteny jest nadal ograniczona. Do rozwiązania tego problemu, antena teleskopowa z częścią obrotową do regulacji kierunku odbioru sygnału jest dostarczana.

Jednakże, długość wspomnianej anteny teleskopowej jest stała, tak że antena teleskopowa nie może odbierać szerszego zasięgu sygnału. Część obrotowa anteny teleskopowej może być podłączona tylko do podstawy lub zewnętrznego urządzenia do regulacji kierunku ze względu na ograniczoną długość anteny, tak że regulowany kierunek anteny jest ograniczony. Dlatego, jeśli antena ma elastyczną długość i kąt, a jej kształt lub rozmiar można łatwo regulować, można zwiększyć jej wydajność i wygodę.

Zgodnie z cytowanymi odniesieniami, Son et al. ujawnili "pierwszy członek 710 połączony z drugim członkiem 720 przez wspólny 740" (Patent USA nr 8737064) wykazany w następujący sposób. Jednakże, Son et al. nie nauczyli cech: "koniec pierwszej jednostki nadawczej, który odsłonięty od pierwszej części obrotowej jest wklęsłym wgłębieniem, koniec drugiej jednostki nadawczej, która odsłonięta od drugiej części obrotowej jest wypukłym wypukłym wypukłym, koniec drugiej jednostki nadawczej, która odsłonięta od trzeciej części obrotowej jest wklęsłym wgłębieniem, koniec trzeciej jednostki nadawczej, która odsłonięta od drugiej części obrotowej jest wypukłym wypukłym wypukłym, a koniec trzeciej jednostki nadawczej, która odsłonięta od trzeciej części obrotowej jest wklęsłym wgłębieniem". Oznacza to, że Son et al. nie nauczył konstrukcji połączenia o podwójnej osi obrotu. Rysunek 7 przedstawia proponowaną strukturę połączenia wychylnego.

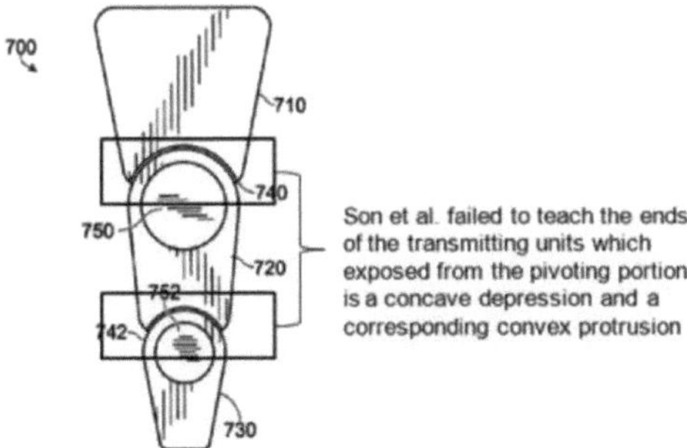


Rysunek 7. Obrotowa struktura połączeń zaproponowana przez Son, et al.

Ponadto nie podano obu cech: "wypukłej części obrotowej i odpowiadającej jej wklęsłej części obrotowej" oraz "wklęsłego końca wgłębienia jednostek nadawczych i odpowiadającej jej wypukłej części wypukłej jednostek nadawczych". Zgodnie z jednym z aspektów niniejszego opracowania, konstrukcja anteny zawiera podstawę, pierwszy element przedłużający i drugi element przedłużający. Podstawa posiada pierwszą część wychylną i końcówkę wyjściową. W skład podstawy wchodzi pierwsza jednostka nadawcza umieszczona w podstawie, w której dwa końce pierwszej jednostki nadawczej są elektrycznie połączone odpowiednio z końcówką wyjściową i pierwszą częścią obrotową podstawy, a koniec, który jest połączony z pierwszą częścią obrotową, jest odsłonięty od pierwszej części obrotowej. Pierwszy przedłużacz ma drugą część, która jest odchylana, i trzecią część, w której druga część pierwszego przedłużacza jest odłączana i obracana do pierwszej części podstawy, która jest odchylana. Pierwszy przedłużacz zawiera drugi moduł przekazujący umieszczony w pierwszym przedłużaczu, w którym dwa końce drugiego modułu przekazującego są elektrycznie połączone i odsłonięte odpowiednio od drugiej i trzeciej części pierwszego przedłużacza. Drugi przedłużacz znajduje się w drugiej i trzeciej części, w której druga część drugiego przedłużacza jest odłączana i obracana od trzeciej części pierwszego przedłużacza.

Drugi człon przedłużający zawiera trzecią jednostkę przekazującą znajdującą się w drugim członie przedłużającym, przy czym dwa końce trzeciej jednostki przekazującej są elektrycznie połączone i odsłonięte odpowiednio z drugiej części obrotowej i trzeciej części obrotowej drugiego członu przedłużającego. Zgodnie z innym aspektem niniejszego ujawnienia, konstrukcja anteny zawiera plastikową podstawę, pierwszy plastikowy element przedłużający i drugi plastikowy element przedłużający. Plastikowa podstawa posiada pierwszą część łączącą i końcówkę wyjściową. Plastikowa podstawa zawiera pierwszą jednostkę nadawczą umieszczoną w plastikowej podstawie, w której dwa końce pierwszej jednostki nadawczej są elektrycznie połączone odpowiednio z końcówką wyjściową i pierwszą częścią łączącą plastikową podstawę, a koniec, który połączył się z pierwszą częścią łączącą, jest odsłonięty od pierwszej części łączącej. Pierwszy element przedłużający z tworzywa sztucznego posiada drugi i trzeci element łączący, przy czym drugi element łączący pierwszy element przedłużający z tworzywa sztucznego jest odłączany od pierwszego elementu łączącego podstawy z tworzywa sztucznego.

Pierwszy plastikowy element przedłużający zawiera drugi zespół przekazujący umieszczony w pierwszym plastikowym elemencie przedłużającym, w którym dwa końce drugiego zespołu przekazującego są elektrycznie połączone i odsłonięte odpowiednio z drugiej części łączącej i trzeciej części łączącej pierwszego plastikowego elementu przedłużającego. Drugi element przedłużający z tworzywa sztucznego zawiera drugą część łączącą i trzecią część łączącą, przy czym druga część łącząca drugiego elementu przedłużającego z tworzywa sztucznego jest połączona w sposób rozłączny z trzecią częścią łączącą pierwszego elementu przedłużającego z tworzywa sztucznego. Drugi plastikowy element przedłużający zawiera trzeci element przekazujący znajdujący się w drugim plastikowym elemencie przedłużającym, w którym dwa końce trzeciego elementu przekazującego są elektrycznie połączone z drugą częścią łączącą i odsłonięte od niej, odpowiednio, oraz trzecią część łączącą drugiego plastikowego elementu przedłużającego.

## GŁÓWNY FOKUS ROZDZIAŁU

### Cuttable-Flexural Soft-substrate Obwód ładowarki Power Charger Circuit

Przy użyciu folii, folii poliimidowej i klejów, obwód i być wykonane jako miękkie podłoże. Poprzez zaprojektowanie układu, elementy elektroniczne mogą być osadzone w małym okręgu. Rozmiar obwodu koła jest taki sam jak baterii rtęciowych. Innymi słowy, w obwodzie kołowym mogą być zasilane wszystkie czujniki lub urządzenia. Na rysunku 8, numer 130 jest głównym obwodem z częściami elektronicznymi. Rozmiar okręgu jest taki sam jak większości baterii rtęciowych stosowanych w urządzeniach IOT. Dodatkowo istnieją dwa połączenia zarezerwowane dla anteny obrotowej lub cewek, jak pokazano na rysunku nr 150. Kolejne dwa połączenia, numer-151, są wykorzystywane jako wyjście mocy. Biorąc pod uwagę rzeczywiste środowisko realizacji, należy dynamicznie zmieniać wielkość obwodu ładowarki mocy. Dlatego też numer 141 wskazuje miejsce lub punkt, w którym może nastąpić zmiana rozmiaru soft-substratu. Innymi słowy, każdy rozmiar obwodu ładowarki może być wykonany poprzez cięcie lub skręcanie obwodu ładowarki miękkiego podłoża. Podłączając numer-151, czujniki lub urządzenia mogą być zasilane przez układ prostownika na miękkim podłożu z ucinanym stołem. Innymi słowy, odpowiadający różnym przestrzeniom urządze ń IOT, proponowany układ Cuttable-Flexural Soft-substrate Power Charger Circuit może być adaptowalnie wykorzystywany przez urządzenia IOT (Jian, 2015).

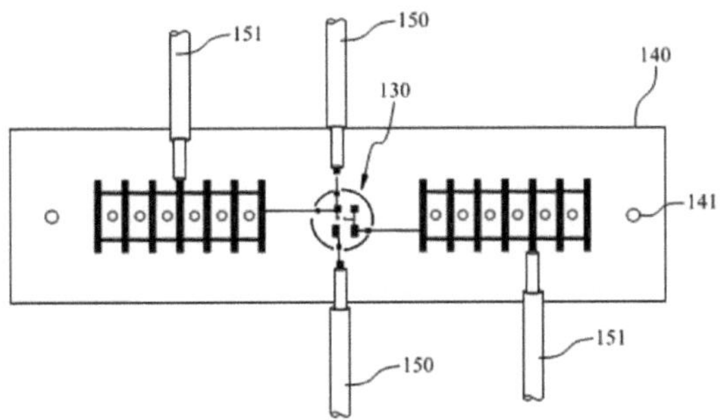


Rysunek 8. Obwód ładowarki zasilającej na elastycznym podłożu miękkim z możliwością obcinania

Ponadto, ponieważ proponowany układ Power Charger jest wykonany w oparciu o Soft-substrate, cały proponowany układ Power Charger może być elastyczny. Cewka indukcyjna lub antena jest podłączona jako numer-150. Kierunek połączenia może być połączony pionowo z proponowanym układem Power Charger Circuit. Cewka nie jest zbudowana w oparciu o Soft-Substrate. Innymi słowy, cewka (antena) jest niezależna od układu Power Charger Circuit Soft-substrate. W związku z tym, zgięcie obwodu miękkiego Power Charger Circuit nie ma wpływu na konstrukcję cewki (anteny). Ponadto, połączenia wyjściowe mocy pokazane jako numer-151 są również połączone pionowo z proponowanym układem Power Charger Circuit. W związku z tym, zagięcie miękkiego podłoża Power Charger Circuit może być różne w zależności od wymagań lub ograniczeń przestrzeni dyskowej w urządzeniach IOT. Następnie, proponowany układ Cuttable-Flexural Soft-substrate Power Charger Circuit może być użyty do zastąpienia oryginalnego akumulatora Power Charger. Rysunek 9 przedstawia koncepcję zgięcia obwodu ładowarki Cuttable-Flexural Soft-substrate Power Charger Circuit.

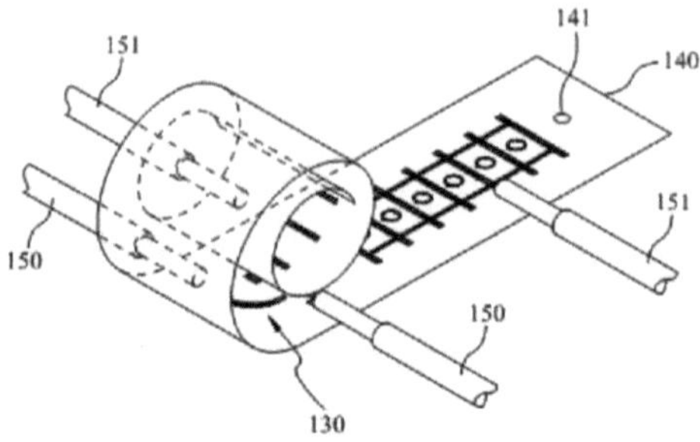


Rysunek 9. Zgięcie obwodu ładowarki elektrycznej z elastycznym miękkim podłożem ciętym

W celu zapewnienia zasilania, które obejmuje napięcie i prąd, dla czujników można zaprojektować prosty obwód ładowarki mocy jako Rysunek 10. Poprzez indukowanie anteny, fala elektromagnetyczna wytwarza prąd. Dzięki zastosowaniu diod D1 i D2, prąd będzie płynął w jedną stronę. Jeśli czujnik posiada odpowiednią pojemność, można ją wykorzystać zamiast czujnika. Następnie zostanie podana rezystancja w celu zabezpieczenia obwodu.

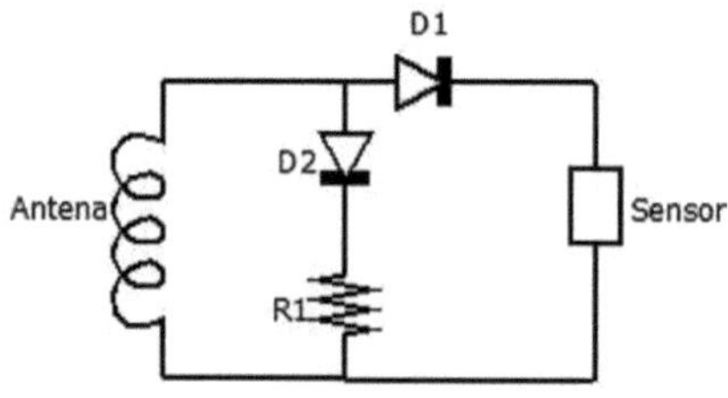


Rysunek 10. Obwód ładowarki sieciowej

Poprzez odpowiednie cięcie, proponowany Cuttable Soft-substrate Power Charger Circuit może być wbudowany w dowolny system czujników. Innymi słowy, system czujników nie wymaga wymiany baterii. Może on być również stosowany do kilku rodzajów systemów czujników o różnych standardach. Jeśli system może zapewnić źródło zasilania, takie jak zielona energia, np. system solarny lub zdalna bezprzewodowa antena indukcyjna, czujnik może pracować w sposób ciągły.

## Moduł anteny obrotowej

Oryginalnie, antena do odbioru lub wysyłania fali elektromagnetycznej jest zaprojektowana na żądanie. Innymi słowy, antena używana do urządzeń lub czujników jest stała. Ze względu na ograniczenia wykonawcze, antena nie może być dynamicznie zmieniana. Poza ograniczeniem wielkości systemu czujników na żądanie, transmisja mocy opiera się na fali elektromagnetycznej. Do indukowania lub bycia indukowanym przez falę elektromagnetyczną, częstotliwość fali elektromagnetycznej może wpływać na wielkość kształtu anteny (Dobkin, 2007). Będzie to miało również wpływ na wydajność.

Biorąc pod uwagę indukcję na podstawie częstotliwości, ograniczony rozmiar anteny powinien być zgodny z funkcją, jak pokazano poniżej.

$$\mathrm{l} = \frac{\mathbf{300000}}{\mathbf{F}} \times \mathbf{0.96} \times \mathbf{0.25} \quad (7)$$

gdzie l jest długością anteny, F oznacza częstotliwość fali elektromagnetycznej (MHz). Jeśli częstotliwość jest wyższa, można zmniejszyć rozmiar anteny. Jednakże, zgodnie z funkcją (4) i (6), chociaż wyższa częstotliwość może zwiększyć EMF, wyższa częstotliwość również zmniejszyć moc uzyskaną przez $_{PR}$ odbiornika bardzo szybko, że ze względu na C = λ × F. Innymi słowy, w celu dostosowania anteny dla lepszej wydajności odpowiadającej środowiska realizacji systemu jest trudne i staje się ważną kwestią.

Ponadto, w zależności od różnej częstotliwości fali elektromagnetycznej, wydajność odpowiadająca środowisku realizacji systemu będzie również inna. Na przykład, wyższa częstotliwość może mieć lepszą wydajność, gdy w pobliżu środowiska metalowego z mniejszym rozmiarem anteny. W opozycji, niska częstotliwość może mieć lepszą wydajność, gdy w pobliżu cieczy lub wilgotniejszym środowisku. Tabela 1 przedstawia porównanie.

Tabela 1. Charakterystyka różnych częstotliwości fali elektromagnetycznej

| | Niski poziom Częstotliwość: | Wysoki Częstotliwość: | Ultra wysoka częstotliwość |
|---|---|---|---|
| Rozmiar anteny | Duża------------------------ > Mała | | |
| Wydajność Near Metal / Płyny | Lepiej, gdy w pobliżu płynów | ---------- > | Lepiej, gdy w pobliżu Metal |

Dlatego przyjęcie stałej wielkości anteny dla różnych częstotliwości, różnych środowisk lub realizacji jest trudne. W celu zapewnienia dynamicznego projektowania dla różnych realizacji, moduł anteny obrotowej, które mogą być dynamicznie zmieniane, ponieważ różne rozmiary i kształt będą potrzebne (Jian, 2016).

W badaniach tych autorzy zaproponowali moduł wydłużania długości, zmiany rozmiaru i kształtu oraz zwiększenia składu N identycznych zwojów cewki. Najpierw, w zależności od częstotliwości fali elektromagnetycznej używanej do transmisji mocy w funkcji 7, należy zaprojektować odpowiednią długość, rozmiar lub kształt anteny. Po drugie, biorąc pod uwagę kierunek fali elektromagnetycznej, kąt pomiędzy normalnym wektorem powierzchni a polem magnetycznym może być jak najmniejszy, w oparciu o kształt wydłużonej obrotowej anteny. Po trzecie, w celu zwiększenia EMF, całkowita liczba złożonych z cewki może być zwiększona poprzez dodanie modułu anteny obrotowej. Innymi słowy, dzięki odpowiedniej konstrukcji, antena obrotowa składa się ze zworki ze złożoną cewką, która może być zaprojektowana jako różne moduły.

Proponowana struktura anteny jest złożona:

podstawę posiadającą pierwszą część obrotową i końcówkę wyjściową, w skład której wchodzi podstawa:

pierwsze urządzenie nadawcze umieszczone w podstawie, w którym dwa końce pierwszego urządzenia nadawczego są elektrycznie połączone odpowiednio z końcówką wyjściową i pierwszą częścią podstawy, a koniec, który jest połączony z pierwszą częścią podstawy, jest odsłonięty od pierwszej części;

pierwszy członek rozszerzający mający drugą część podlegającą obrotowi i trzecią część podlegającą obrotowi, przy czym druga część pierwszego członka rozszerzającego podlegająca obrotowi jest połączona rozłącznie i obracalnie z pierwszą częścią podstawy podlegającą obrotowi, a pierwszy członek rozszerzający obejmuje:

drugiego zespołu przekazującego umieszczonego w pierwszym członie wystającym, w którym dwa końce drugiego zespołu przekazującego są połączone elektrycznie z drugą częścią obrotową i odsłonięte odpowiednio od drugiej i trzeciej części obrotowej pierwszego członu wystającego; oraz

drugi członek rozszerzający o drugą część podlegającą obrotowi i trzecią część podlegającą obrotowi, przy czym druga część podlegająca obrotowi drugiego członka rozszerzającego jest połączona rozłącznie i obracalnie z trzecią częścią podlegającą obrotowi pierwszego członka rozszerzającego, a drugi członek rozszerzający obejmuje:

trzecią jednostkę nadawczą umieszczoną w drugim członie wystającym, w którym dwa końce trzeciej jednostki nadawczej są elektrycznie połączone i odsłonięte odpowiednio od drugiej części obrotowej i trzeciej części obrotowej drugiego członu wystającego;

gdzie pierwsza część podstawy oporowa podstawy i trzecia część oporowa pierwszego członu przedłużającego oraz drugiego członu przedłużającego są wypukłe, a druga część oporowa pierwszego członu przedłużającego i drugiego członu przedłużającego jest wypukła;

gdzie koniec pierwszej jednostki nadawczej, która wystaje z pierwszej części obrotowej, jest wgłębieniem wklęsłym, koniec drugiej jednostki nadawczej, która wystaje z drugiej części obrotowej, jest wypukłym występem, koniec drugiej jednostki nadawczej, która wystaje z trzeciej części obrotowej, jest wgłębieniem wklęsłym, koniec trzeciej jednostki nadawczej, która wystaje z drugiej części obrotowej, jest wypukłym występem, a koniec trzeciej jednostki nadawczej, która wystaje z trzeciej części obrotowej, jest wgłębieniem wklęsłym.

Ponadto końcówki drugiej jednostki przekazującej i trzeciej jednostki przekazującej są odsłonięte od wirtualnych osi drugiej części obrotowej i trzeciej części obrotowej pierwszego elementu przedłużającego oraz drugiego elementu przedłużającego.

Nadajnik bezprzewodowy jest odłączany i połączony obrotowo z końcówką wyjściową podstawy, która dalej składa się z jednostki sterującej. W celu połączenia różnych elementów przedłużających pierwszy element przedłużający i drugi element przedłużający mają kształt geometryczny.

Poniższy rysunek przedstawia trójwymiarowy widok struktury anteny według innych ucieleśleń obecnego ujawnienia. Konstrukcja anteny składa się z pierwszego elementu przedłużającego 120 i drugiego elementu przedłużającego 130. Pierwszy przedłużacz 120 posiada drugą część obrotową 121 i trzecią część 122 i zawiera drugą jednostkę nadawczą 123. Dwa końce 126 i 127 drugiego modułu nadawczego 123 są elektrycznie połączone i odsłonięte odpowiednio z drugiej części 121 i trzeciej części 122 pierwszego modułu rozszerzającego 120. Drugi człon przedłużający 130 posiada drugą część 121 i trzecią część 122, a także trzecią jednostkę przekazującą 131. Dwa końce 126 i 127 trzeciego modułu przekazującego 131 są elektrycznie połączone i odsłonięte odpowiednio z drugiej części 121 i trzeciej części 122 drugiego członu rozszerzającego 130. Gdy druga część 121 drugiego modułu wystającego 130 jest połączona elektrycznie z trzecią częścią 122 pierwszego modułu wystającego 120, koniec 126 trzeciego modułu przekazującego 131 może być połączony elektrycznie z końcem 127 drugiego modułu przekazującego 123.

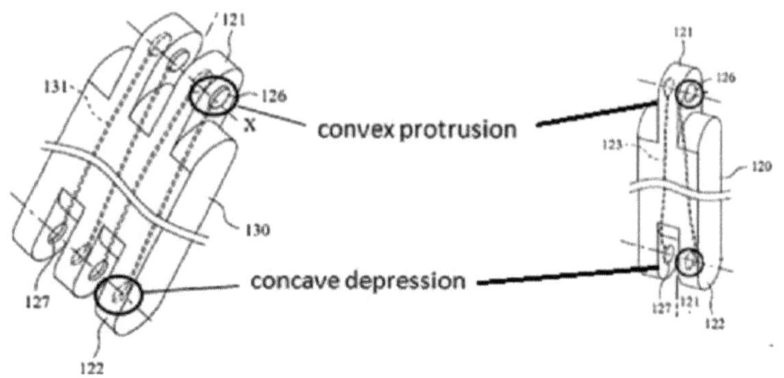


Rysunek 11. Widok 3D konstrukcji anteny zgodnie z innymi ucieleśnieniami niniejszego ujawnienia.

Końce 126, 127 drugiej jednostki przekazującej 123 i trzeciej jednostki przekazującej 131 są odsłonięte od wirtualnych osi X drugiej części wychylnej 121 i trzeciej części wychylnej 122 każdego z pierwszych członów rozszerzających 120 i drugiego członu rozszerzającego 130. Szczegółowo, koniec 127 drugiej jednostki przekazującej 123, który odsłania się z drugiej części 121 pierwszego członu 120, jest wypukły. Końcówka 127 drugiego modułu przekazującego 123, która wystaje z trzeciej części 122 pierwszego przedłużacza 120, jest wklęsłym wgłębieniem. Końcówka 126 trzeciej jednostki przekazującej 131, która wystaje z drugiej części 121 drugiego przedłużacza 130, jest wypukłym występem. Końcówka 127 trzeciej jednostki przekazującej 131, która wystaje z trzeciej części 122 drugiego elementu przedłużającego 130, jest wklęsłym zagłębieniem. Powyższy wypukły występ może być cylindrem lub półkulą, a powyższe wklęsłe wgłębienie odpowiada wypukłemu występowi.

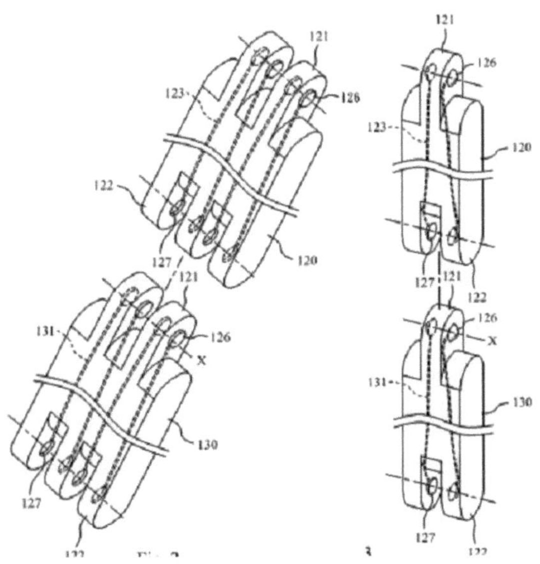


Rysunek 12. Widok 3D przedłużenia konstrukcji anteny.

Gdy pierwszy element przedłużający jest połączony obrotowo z drugim elementem przedłużającym, koniec (np. wypukły występ) jest połączony obrotowo z końcem (np. wklęsły wgłębienie). Dlatego też kąt konstrukcji anteny można zmieniać poprzez obrotowe połączenie pierwszego elementu wystającego z drugim elementem wystającym. W skład konstrukcji anteny wchodzi plastikowa podstawa, pierwszy plastikowy element przedłużający i drugi plastikowy element przedłużający. Podstawa z tworzywa sztucznego posiada pierwszą część łączącą i końcówkę wyjściową oraz zawiera pierwszą jednostkę nadawczą. Pierwszy zespół nadawczy znajduje się w plastikowej podstawie, w której dwa końce pierwszego zespołu nadawczego są połączone elektrycznie odpowiednio z końcówką wyjściową i pierwszym członem łączącym plastikowej podstawy, a koniec, który połączył się z pierwszym członem łączącym, jest odsłonięty od pierwszego członu łączącego.

Rysunek 13 przedstawia przykład. Są to moduły o numerach 210, 220 i 230. Numery 211, 222 i 221 oznaczają zatrzask obrotowy dla różnych modułów. Dlatego projektant anteny może rozszerzyć antenę obrotową o dowolny rozmiar i kształt w celu uzyskania lepszej wydajności transmisji mocy. Konstrukcja anteny obejmuje plastikową podstawę, mnogość pierwszych plastikowych elementów przedłużających oraz mnogość drugich plastikowych elementów przedłużających, w których pierwsza część łącząca plastikową podstawę jest połączona rozłącznie z drugą częścią łączącą jeden z pierwszych plastikowych elementów przedłużających, która przylega do plastikowej podstawy, a trzecia część łącząca pierwsze plastikowe elementy przedłużające jest połączona rozłącznie z drugą częścią łączącą drugi plastikowy element przedłużający oraz trzecia część łącząca jeden z drugich plastikowych elementów przedłużających, która między pierwszymi plastikowymi elementami przedłużającymi jest połączona rozłącznie z pierwszą częścią łączącą jeden z pierwszych plastikowych elementów przedłużających. Po zmontowaniu podstawy z tworzywa sztucznego, pierwszych plastikowych elementów przedłużających i drugich plastikowych elementów przedłużających, pierwszy zespół przekazujący, drugi zespół przekazujący i trzeci zespół przekazujący mogą być elektrycznie połączone razem. Gdy trzecia jednostka nadawcza w drugim plastikowym elemencie wystającym odbierze sygnał zewnętrzny, sygnał zewnętrzny może być przekazywany z trzeciej jednostki nadawczej przez drugą jednostkę nadawczą do pierwszej jednostki nadawczej, a następnie sygnał zewnętrzny może być przekazywany przez końcówkę wyjściową do przetwarzania sygnału.

Szczegółowo, plastikowa podstawa, pierwsze plastikowe elementy przedłużające i drugie plastikowe elementy przedłużające mogą być wykonane z tworzywa polimerowego. Dzięki temu konstrukcja anteny jest elastyczna w zakresie zmiany jej kąta. Ponadto, konstrukcja anteny może być zmontowana z większą ilością pierwszych plastikowych elementów przedłużających i większą ilością drugich plastikowych elementów przedłużających na żądanie.

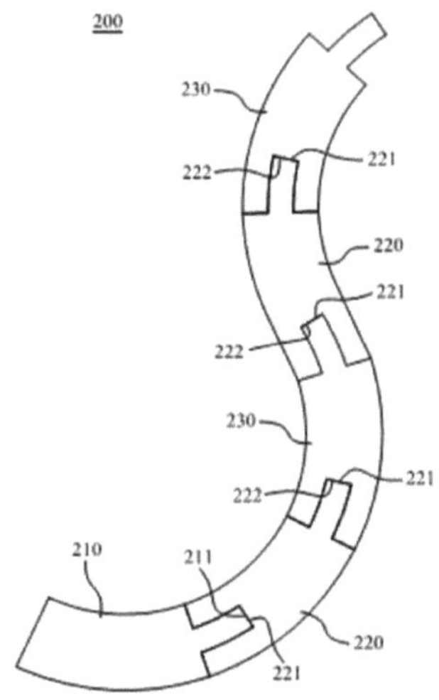


Rysunek 13. Rozszerzony moduł anteny obrotowej (Extended Pivoting Antenna Module)

Innymi słowy, dzięki zastosowaniu modułu numer 220 i 230, projektant systemu może przedłużyć antenę obrotową o dowolną długość, dowolny kompletny zestaw składający się z N identycznych obrotów i dowolnej powierzchni. Biorąc pod uwagę podłączenie Cuttable-Flexural Soft-substrate Power Charger Circuit, należy rozważyć jak dynamicznie zmieniać rozmiar lub skład N identycznych obrotów cewki (Jian, 2016). Załóżmy, że istnieją trzy oddzielne przegrody: część 1) część łącząca cewkę i układ zasilający, część 2) i część rozszerzająca dla zwiększenia obszaru lub obrotów cewki. Rysunek 14 przedstawia koncepcję modułu anteny obrotowej. Istnieją dwa połączenia zarezerwowane dla obwodu ładowarki mocy jak pokazano pod numerem 150. Połączenie pomiędzy różnymi częściami może być wykonane za pomocą pary 111A i 111B. Za pomocą części 2 można dynamicznie zmieniać obszar i kształt anteny (lub cewki). Dodatkowo, jeśli całkowita ilość obrotów cewki zostanie zmieniona lub zwiększona, pętla może być zwiększona bezpośrednio poprzez podłączenie do części 3 zamiast części 1, która może być pokazana na rysunku jako czerwona linia. Jako połączenie przeciwne do ruchu wskazówek zegara, takie jak część 1➔ część ➔2 część 2 część ➔2➔, ..., a na końcu podłączone do części 1, całkowita ilość obrotów cewki może zostać zwiększona.

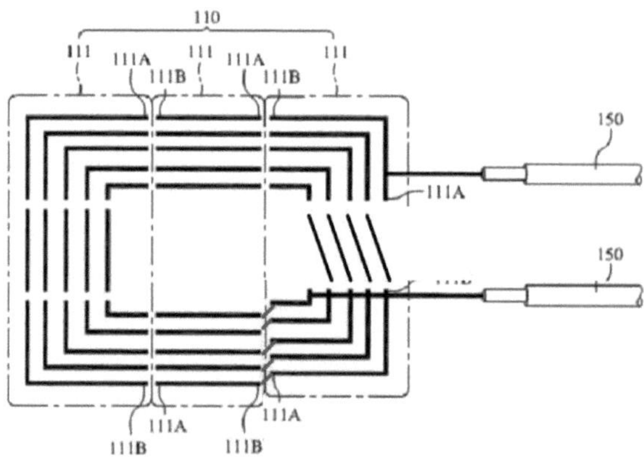


Rysunek 14 Koncepcja podłączenia rozszerzonego modułu anteny obrotowej

Stan wykorzystania struktury anteny według jeszcze jednego wcielenia jest przedstawiony w następujący sposób. Plastikowa podstawa, pierwsze plastikowe elementy przedłużające i drugie plastikowe elementy przedłużające konstrukcję anteny są montowane w czujniku w kształcie łuku, dzięki czemu konstrukcja anteny może być wykorzystana na lotnisku do kontroli bagażu lub kontenera. Ponadto, gdy konstrukcja anteny zostanie przesunięta, można ją łatwo złożyć i przenieść.

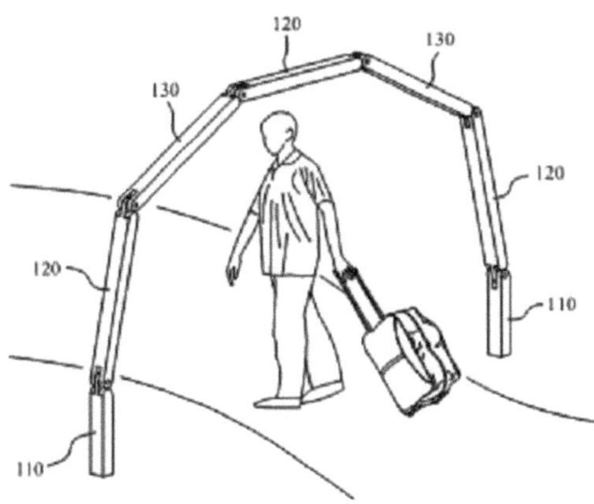


Rysunek 15. Przykładowa konstrukcja anteny obrotowej do indukcji bezprzewodowej.

Dlatego też, używając Rozszerzonego Modułu Anteny Obrotowej do zwiększenia wartości EMF, projektant systemu może 1) zwiększyć powierzchnię cewki poprzez rozszerzenie cewki za pomocą obrotowego modułu antenowego. Po podłączeniu obrotowego modułu antenowego, cewka może być dłuższa. Dodatkowo, projektant systemu może 2) zwiększyć skład N identycznych obrotów za pomocą modułu zworek. Biorąc pod uwagę rzeczywiste środowisko realizacji systemu, kierunek fali elektromagnetycznej od nadajnika mocy może być inny. Dlatego też, rozszerzając antenę, projektant systemu może 3) spróbować w sposób adaptacyjny zmienić normalny wektor powierzchni i pole magnetyczne. Następnie projektant systemu może zredukować kąt $\theta$ jak najbardziej do zera. Ponadto, proponowany Rozszerzony Moduł Anteny Obrotowej może być dynamicznie łączony w oparciu o zaprojektowane na życzenie klienta przegrody. Innymi słowy, ponieważ cała cewka anteny może być dynamicznie zmieniana zgodnie z wymaganiami, koszt projektowania i rozwoju anteny może być zmniejszony.

Zgodnie z proponowanym systemem, antena obrotowa (cewka) jest podłączona do urządzeń ładujących. Antena obrotowa (cewka) 110 może być zintegrowana i połączona z wieloma modułami anteny obrotowej (cewki) przedstawionymi jako numer-111. W oparciu o projekt obwodu, energia prądu zmiennego może być dostarczana do obwodu ładowarki elektrycznej pokazanego jako numer-130. Następnie obwód ładowarki może dostarczać energię elektryczną prądu stałego do urządzeń IOT z połączenia numer-122. Innymi słowy, obwód zasilający może być zaprojektowany tak, aby zastąpić oryginalny akumulator, taki jak numer-120 i numer spacji-121. Wreszcie, urządzenie IOT lub czujnik przedstawiony jako numer-200 może być zasilany.

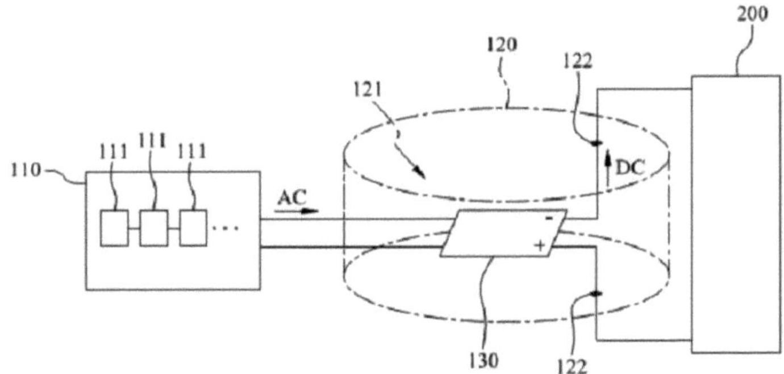


Rysunek 16. Koncepcja anteny obrotowej (cewki), która jest podłączona do urządze

ń doładowujących

BIORĄC POD UWAGĘ PROPONOWANY CUTTABLE-FLEXURAL SOFT-SUBSTRATE POWER CHARGER CIRCUIT, MOŻNA UŻYĆ I UMIEŚCIĆ W PRZESTRZENI NUMER-140 ELASTYCZNEGO PODŁOŻA NUMER-121. ZGODNIE Z PROPONOWANĄ ANTENĄ OBROTOWĄ, OBWÓD ŁADOWARKI NUMER-130 JEST DRUKOWANY W OPARCIU O PROPONOWANY CUTTABLE-FLEXURAL SOFT-SUBSTRATE NUMER-140. ODPOWIEDNIO DO NUMERU MIEJSCA-121, DO REGULACJI DŁUGOŚCI CUTTABLE-FLEXURAL SOFT-SUBSTRATE MOŻNA UŻYĆ WIELU STAŁYCH OTWORÓW ELIKSIRU NUMER-141. INNYMI SŁOWY, RÓŻNE PRZESTRZENIE NUMER-121 MOGĄ BYĆ NADAL ZASPOKOJONE POPRZEZ REGULACJĘ ODPOWIEDNIEJ DŁUGOŚCI PODŁOŻA NUMER-140. DODATKOWO, ZE WZGLĘDU NA SPOSÓB PODŁĄCZENIA CUTTABLE-FLEXURAL SOFT-SUBSTRATE POWER CHARGER CIRCUIT, POŁĄCZENIE POMIĘDZY OBWODEM ŁADOWARKI A ANTENĄ OBROTOWĄ (CEWKĄ) BĘDZIE "NIE" ZAKŁÓCONE. DLATEGO MOŻNA ZMNIEJSZYĆ PRZESTRZEŃ NUMER-121 DLA AKUMULATORA NUMER-120. IOT DEVICES OR SENSORS CAN BE USED AND PUT INSIDE THE TINY SPACE. ZGODNIE Z PROPONOWANYM UKŁADEM CUTTABLE-FLEXURAL SOFT-SUBSTRATE POWER CHARGER CIRCUIT, POŁĄCZENIA NUMER-150 SĄ PODŁĄCZONE POMIĘDZY UKŁADEM POWER CHARGER NUMER-130 A ANTENĄ OBROTOWĄ (CEWKĄ) NUMER MODUŁU-111. DODATKOWO, POŁĄCZENIA NUMER-150 SĄ PODŁĄCZONE Z OBWODU ŁADOWARKI NUMER-130 I UŻYWANE JAKO POŁĄCZENIE ŹRÓDŁA ZASILANIA (WYJŚCIA) NUMER-122 DLA OBCIĄŻEŃ TAKICH JAK URZĄDZENIA IOT LUB CZUJNIKI POKAZANE JAKO NUMER-200.

## ROZWIĄZANIA I ZALECENIA

W tym rozdziale, bezprzewodowa ładowarka mocy z modułem anteny obrotowej dynamicznej składa się z obcinanego obwodu ładowarki na miękkim podłożu i moduł anteny obrotowej jest przedstawiony i rzeczywiście zrealizowany.

Przy użyciu miękkiej folii miedzianej (FPC soft substrate), która jest wykonana z folii miedzianej, folii poliimidowej PI i kleju, Power Charger Circuit może być drukowany na Cuttable-Flexural Soft-substrate. Rysunek 8 przedstawia fizyczną realizację proponowanego układu Cuttable-Flexural Soft-substrate Power Charger Circuit. Obwód ładowarki jest drukowany wewnątrz środka (okręgu). Punkty połączeń w górnej i dolnej części środkowego obwodu ładowarki służą do podłączenia anteny obrotowej (cewki). Lewa i prawa strona to wyjście zasilania i zasilanie dla urządzeń IOT lub czujników. Biorąc pod uwagę przestrzeń dla obwodu ładowarki mocy, istnieje wiele otworów do regulacji całkowitej długości podłoża miękkiego.

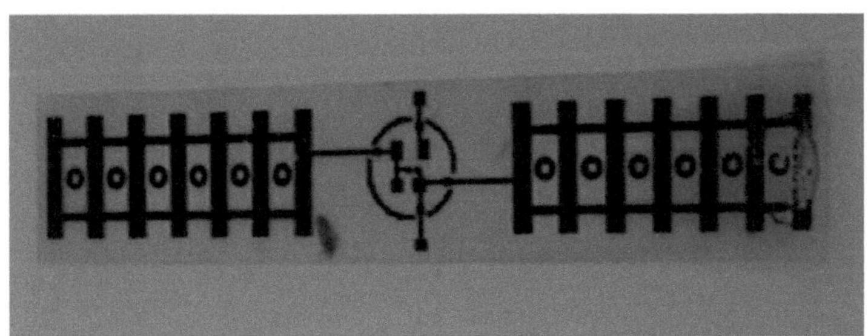

Rysunek 17. Rzeczywista implementacja obwodu ładowarki Cuttable-Flexural Soft-substrate Power Charger Circuit.

Aby przyjąć Cuttable-Flexural Soft-substrate obwód ładowarki mocy dla istniejącego systemu, 1) projektant powinien wyciąć miękki-substrate obwód ładowarki mocy jako odpowiedni rozmiar. Następnie, 2) biorąc pod uwagę bezprzewodową transmisję mocy, moduł antenowy powinien być podłączony do obwodu ładowarki mocy. Wreszcie, 3) obwód ładowarki może być używany zamiast oryginalnego akumulatora.

Stosując proponowany układ Cuttable-Flexural Soft-substrate Power Charger Circuit, każdy może użyć nożyczek do cięcia podłoża o dowolnym kształcie i rozmiarze. Albo użytkownik może sprawić, że układ Cuttable-Flexural Soft-substrate Power Charger Circuit będzie elastyczny. Na rysunku 18, (a) przedstawiono obwód elastyczny oraz (b) obwód ładowarki Cuttable-Flexural Soft-substrate Power Charger Circuit.

Innymi słowy, proponowany Cuttable-Flexural Soft-substrate Ładowarka użytkownicy mogą dynamicznie zmieniać rozmiar, kształt obwodu. Dzięki zastosowaniu elastycznego typu obwodu, bez względu na to, do jakiego rodzaju oryginalnej baterii należy, użytkownik zawsze może umieścić elastyczny obwód Power Charger zamiast oryginalnej baterii.

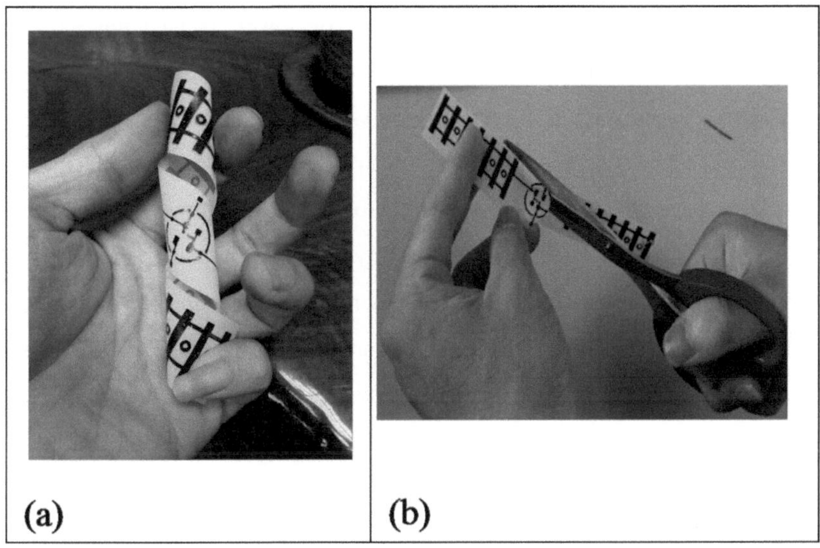

Rysunek 18. Obwód ładowarki na miękkim podłożu a) zginający oraz b) odcinający obwód ładowarki na miękkim podłożu

W rzeczywistym wdrożeniu, system czujników jest istniejącym czujnikiem ciśnienia w oponach. Pierwotnie, czujnik jest zasilany baterią rtęciową. W celu zainstalowania bezprzewodowego systemu ładowania, obwód ładowarki o miękkim podłożu jest cięty na taki sam rozmiar jak bateria rtęciowa pokazana na rysunku 18 (b).

Następnie anteny obrotowe mogą odbierać sygnały elektromagnetyczne z bezprzewodowej ładowarki, która jest zainstalowana w innym miejscu. Dzięki zastosowaniu proponowanej dynamicznej anteny obrotowej opartej o moduł bezprzewodowej ładowarki mocy, istniejący system może być zasilany w sposób ciągły bez konieczności wymiany baterii. Na przykład, pierwotnie, czujnik ciśnienia powietrza w oponach wymaga jako źródła zasilania baterii rtęciowej. Waga i miejsce zostaną zwiększone ze względu na wielkość baterii. Poprzez odcięcie miękkiego podłoża, centralny obwód zasilający może być użyty do wymiany oryginalnej baterii rtęciowej. Wykonanie pokazuje, że czujnik ciśnienia powietrza w oponach może działać po użyciu bezprzewodowej transmisji energii w oparciu o antenę obrotową (cewkę) i obwód ładowarki miękkiego podłoża (Jian, 2015). Innymi słowy, poprzez odcięcie obwodu ładowarki na miękkim podłożu, można wymienić oryginalną baterię rtęciową. Urządzenia IOT mogą być zasilane. Ponadto, ponieważ zasilanie może być przesyłane bezprzewodowo, koszt wymiany baterii rtęciowych i obsługi ręcznej może zostać zmniejszony.

Rysunek 19. Istniejący system czujników i odcięty obwód ładowania mocy

Oprócz obwodu ładowarki sieciowej wdrożono również moduł anteny obrotowej. Aby łatwiej podłączyć partycje anteny obrotowej (cewki), każda partycja jest drukowana przez drukarkę 3D. Rysunek 20 przedstawia podstawową strukturę anteny obrotowej (cewki). Białe linie wskazują strukturę cewki wewnątrz modułu antenowego.

Za pomocą tych dwóch modułów rozszerzających (części) i połączenia z dodatkową częścią przyłączeniową, można skonfigurować cewkę nadajnika i odbiornika. Białe linie wskazują na strukturę przewodów miedzianych wewnątrz plastikowej pokrywy z nadrukiem 3D. W każdej plastikowej obudowie znajduje się wiele przewodów miedzianych. Jedna z plastikowych struktur pokrywy zapewnia strukturę przewodów pętli (Jian, 2017). Innymi słowy, poprzez odpowiednie zaprojektowanie wtyczki lub gniazda, oryginalna struktura okręgu cewki może być podzielona na przegrody, które mogą być połączone lub podłączone jako oryginalna struktura pojedynczej cewki.

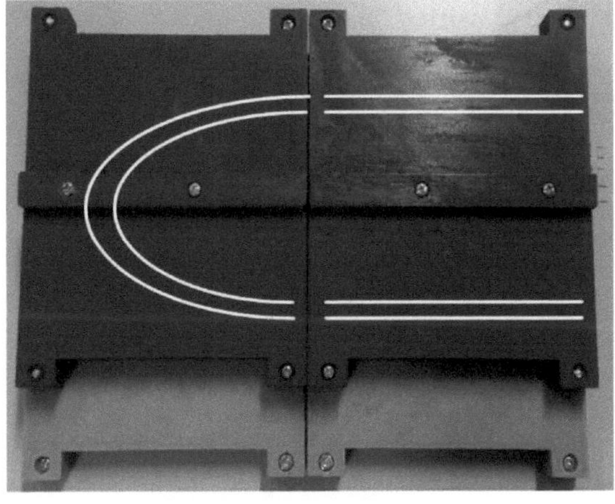

Rysunek 20. Podstawowa konstrukcja anteny obrotowej (cewki)

Innymi słowy, poprzez podłączenie do części przedłużającej można przedłużyć rozmiar lub kształt cewki lub anteny. Na przykład, poprzez połączenie z poziomym modułem rozszerzającym (częścią), obszar cewki może być również rozszerzony.

Rysunek 21 pokazuje cewkę (antenę) wysuniętą poziomo. Część łącząca cewkę przedłużającą (antenę) z obwodem ładowania mocy może być podłączona po prawej stronie. Białe linie wskazują strukturę przewodów miedzianych wewnątrz plastikowej pokrywy z nadrukiem 3D. Zgodnie z tą samą konstrukcją modułu przedłużającego pokrytego tworzywem sztucznym, cewkę można przedłużyć w poziomie za pomocą wtyczki lub gniazda projektowego. Innymi słowy, powierzchnia cewki może zostać powiększona i zwiększona. Ponadto, nadajnik lub odbiornik może być dynamicznie zmieniany. Antena obrotowa (lub cewka) jest nadal zintegrowana jako pojedyncza antena (cewka). Dla pojedynczej anteny (lub cewki) potrzebny jest tylko jeden obwód oscylacyjny. W związku z tym, zgodnie z konstrukcją obrotową, rozmiar nadajnika i odbiornika może być dynamicznie zmieniany.

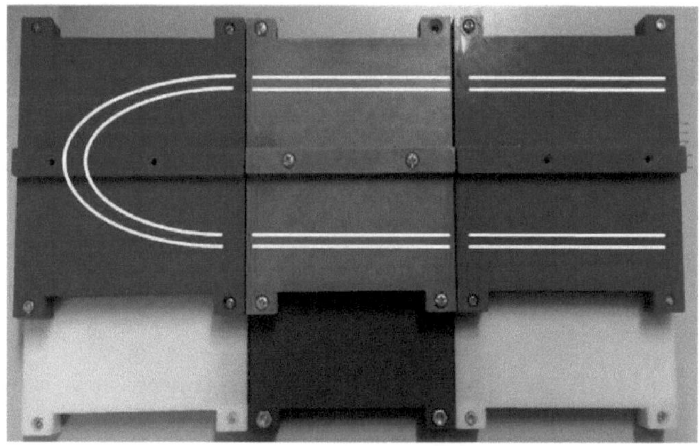

Rysunek 21. Wysunięta poziomo konstrukcja anteny obrotowej (cewki)

Dodatkowo, za pomocą elementów przedłużających w pionie, można połączyć dwie poziome konstrukcje przedłużające i zintegrować je jako pionową cewkę przedłużającą (antenę). Powierzchnia cewki jest zwiększona. Ponadto za pomocą elementów przedłużających w osi Y można łączyć i nakładać na siebie poziome konstrukcje przedłużające. Rysunek 22 przedstawia cewkę wysuwaną pionowo (antenę) przy użyciu dwóch wysuwanych poziomo konstrukcji. Osłona z tworzywa sztucznego z nadrukiem 3D jest specjalnie zaprojektowana do połączenia z pionową cewką przedłużającą (anteną). Kierunek połączenia linii przewodów miedzianych zostanie zmieniony z kierunku pionowego na poziomy. Kształt cewki lub anteny jest również zmieniany z pętli w kształcie "O" na pętlę w kształcie "S". Innymi słowy, obszar cewki (anteny) może być rozszerzony i zwiększony.

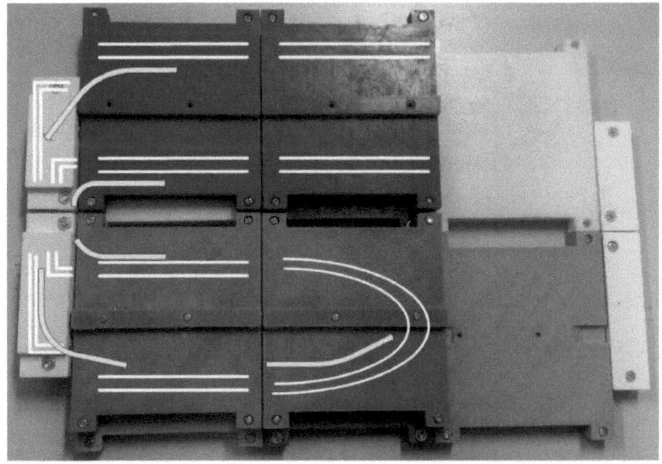

Rysunek 22. Cewka przedłużająca pionowo (antena) poprzez zastosowanie dwóch poziomych konstrukcji przedłużających.

Oprócz elementów przedłużających w osi Y, elementy przedłużające w osi Z mogą być łączone i nakładane na siebie. Inaczej mówiąc, całkowita ilość obrotów cewki może być dynamicznie zwiększana. Wreszcie, zgodnie z wymaganiami, cewka (antena) może być zmieniana dynamicznie. Można zwiększyć nie tylko powierzchnię cewki (anteny), lecz także całkowitą ilość obrotów cewki.

Dlatego bezprzewodowa antena obrotowa (cewka) może być dynamicznie zmieniana i rozszerzana. Innymi słowy, w zależności od środowiska realizacji i zastosowania, wymagana cewka lub antena może być obracana. Na przykład, bezprzewodowa transmisja mocy może być realizowana przez proponowaną obrotową antenę lub cewkę. Ze względu na udoskonalenie technologii, bezzałogowy statek powietrzny (UAV) jest również dostarczany i stosowany w wielu badaniach i zastosowaniach. Jednak moc UAV jest głównym problemem, który może ograniczyć usługi i odległość lotu UAV, zwłaszcza elektrycznego źródła zasilania UAV. Zbyt duży akumulator o większej mocy elektrycznej zwiększy całkowitą wagę UAV i spowoduje wzrost zużycia energii. Dlatego też, aby często doładowywać akumulator, może on zmniejszyć wagę UAV. Jednak większość metod ładowania zależy od przewodowej linii zasilającej i wymaga pomocy manualnej. Dlatego też, dzięki zastosowaniu proponowanej anteny obrotowej (cewki), energia elektryczna może być przesyłana bezprzewodowo. Innymi słowy, ładowanie energii elektrycznej może być przeprowadzone bez obsługi ręcznej. Ładowarka sieciowa dla UAV może pracować niezależnie. W opozycji, UAV wyposaży również antenę obrotową (cewkę) w możliwość odbioru energii elektrycznej z ładowarki sieciowej. Gdy UAV dotrze do stacji ładującej, transmisja energii elektrycznej pomiędzy stacją a UAV może zostać automatycznie uruchomiona. Proponowany obwód ładowarki soft-substratowej jest lekki i służy do dostarczania energii elektrycznej dla UAV i akumulatora. Ponieważ UAV może być ładowany bez konieczności ręcznej obsługi, pojemność akumulatora UAV może być zmniejszona.

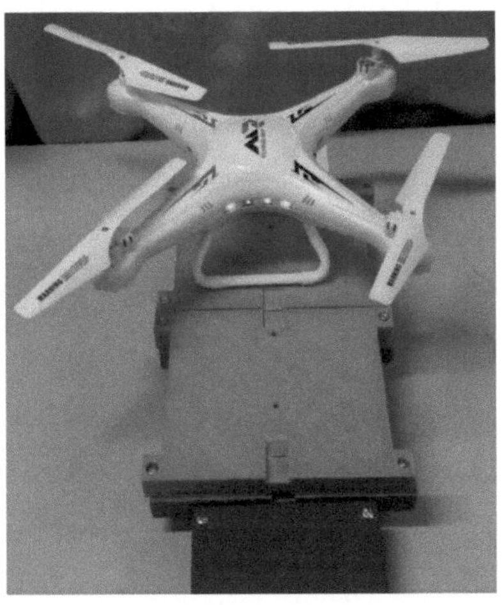

Rysunek 23. Bezprzewodowa transmisja mocy pomiędzy ładowarką sieciową a UAV w oparciu o proponowany moduł anteny obrotowej (cewki).

Dzięki zastosowaniu proponowanego modułu anteny obrotowej, 1)Przewodowa linia zasilająca jest zbędna. Koszt wdrożenia może zostać zmniejszony. Ponadto, ręczna obsługa jest zbędna. Moc człowieka może zostać zredukowana. 2) Różne typy UAV mogą być obsługiwane przez ten sam moduł ładowania sprzężenia elektromagnetycznego. Innymi słowy, różne typy UAV mogą być ładowane przez ten sam moduł anteny obrotowej (cewki). 3) Dodatkowy akumulator może być również używany w stacji ładującej do przechowywania energii. Dzięki wykorzystaniu zielonych źródeł energii, stacja ładująca może uzyskiwać energię elektryczną niezależnie. Ładowarka może być samowzbudowywana przez zieloną energię przy jednoczesnej większej ochronie środowiska.

Oprócz ładowania akumulatora, wytwarzanie energii z zielonej energii może być również realizowane przez proponowany moduł anteny obrotowej (cewki). Obecnie większość zielonych źródeł energii to energia wiatrowa i słoneczna. System rozproszonej produkcji energii elektrycznej (DG) jest wdrażany w oparciu o wiele generatorów energii, które mogą dostarczać energię, a nie scentralizowany system dostarczania energii. Dzięki zintegrowaniu lokalnych generatorów, baterii i sieci energetycznej, można stworzyć mikrosiłę energetyczną w okolicy (Luo, 2014) i dostosować ją (Talapko, 2014; Gujar, 2013). Jednak różne środowiska naturalne spowodują różnice w wydajności różnych zasobów zielonej energii. Dlatego też, w oparciu o proponowany moduł anteny obrotowej (cewki), można wbudować i podłączyć różne zielone źródła energii. Wszystkie generatory zielonej energii będą podłączone niezależnie w układzie równoległym. Dlatego też, różne zielone źródła energii mogą być wykorzystywane. Wytworzona moc będzie przesyłana do obwodu regulatora. Na koniec, moc może być przesyłana przez moduł anteny obrotowej (cewki). Innymi słowy, moc z różnych zielonych źródeł energii może być wysyłana bezprzewodowo. Rysunek 24 przedstawia koncepcję transmisji zielonej energii elektrycznej.

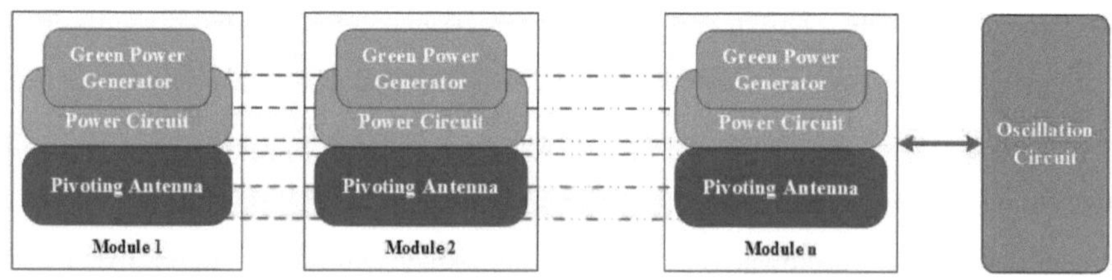


Rysunek 24. Koncepcja przesyłu zielonej energii elektrycznej.

Zgodnie z proponowanym modułem anteny obrotowej (cewki), moc wytwarzana z różnych źródeł zielonej energii może być transmitowana bezprzewodowo przez tę samą antenę (cewkę). Innymi słowy, odpowiadając obszarowi rozmieszczonych generatorów zielonej energii, "pojedyncza" antena (cewka) realizowana w oparciu o wiele modułów anteny obrotowej (cewki) może mieć taką samą wielkość obszaru jak rozmieszczenie. Rysunek 16 przedstawia możliwą strukturę bezprzewodowej transmisji mocy w oparciu o proponowany moduł anteny obrotowej (cewki). Każdy moduł anteny obrotowej (cewki) do rozbudowy anteny lub obszaru cewki może być połączony z dwoma generatorami zielonej energii. Panel słoneczny i generator energii wiatru mogą być wymieniane dynamicznie. Na Rys. 16 struktura jest podstawową strukturą anteny obrotowej (cewki). Każdy moduł może być połączony z dwoma źródłami zielonej energii. Dlatego na rysunku 16 można podłączyć większość czterech paneli słonecznych lub cztery generatory wiatrowe (lub inne różne kombinacje zielonej energii). Poprzez zastosowanie podstawowej struktury anteny obrotowej (cewki), moc może być przekazywana.

Rysunek 25. Zbiór energii zielonej w oparciu o proponowaną podstawową strukturę modułu anteny obrotowej (cewki).

## WNIOSEK

Dzięki zastosowaniu proponowanej dynamicznej, obrotowej anteny opartej na bezprzewodowej ładowarce zasilającej, moc może być dostarczana w sposób ciągły do systemu czujników bez wymiany baterii. W porównaniu z obecnie stosowaną anteną indukcyjną, proponowany moduł anteny obrotowej może być rozbudowywany zgodnie z rzeczywistym środowiskiem realizacji systemu. Co więcej, proponowany obwód ładowarki soft-substratowej z możliwością cięcia, może być stosowany w dowolnym rozmiarze i kształcie. Biorąc pod uwagę środowisko pracy urządzeń IOT, obwód ładowarki soft-substrate może zmniejszyć objętość lub przestrzeń urządzeń IOT. Weryfikacja fizyczna wykazała, że opracowanie i wdrożenie układu ładowania baterii rtęciowej w urządzeniach IOT może zostać wykorzystane zamiast baterii rtęciowej wewnątrz urządzeń IOT.

Dzięki połączeniu z proponowanym modułem anteny obrotowej (cewki), transmisja mocy może odbywać się bezprzewodowo. Dodatkowo, w zależności od środowiska fizycznego i wymagań, proponowany moduł anteny obrotowej może być dynamicznie rozbudowywany w celu uzyskania lepszej wydajności transmisji mocy. Rzeczywista weryfikacja pokazuje, że proponowany moduł anteny o dynamicznej osi obrotu oparty na bezprzewodowej ładowarce mocy jest adaptacyjny do różnych i istniejących systemów czujników. Nawet różne ekologiczne źródła energii mogą być zintegrowane jako pojedynczy dostawca energii poprzez wbudowaną pojedynczą antenę obrotową (cewkę). W porównaniu z systemem z wieloma antenami lub układem antenowym, proponowany moduł anteny obrotowej (cewki) może być łatwiej rozbudowany dzięki prostemu projektowaniu obwodów. Dodatkowa synchronizacja sygnału systemu pomiędzy różnymi antenami jest zbędna.

## REFERENCJE

Dobkin, D.M. (2007). The RF in RFID: Passive UHF RFID in Practice; Elsevier: New York.

Jian, M. S. , Wu, J. S. (2013). Applications and Challenges RFID (Chapter) of Radio Frequency Identification from System to Applications (ISBN: 978-953-51-1143-6). In-Tech.

Jian, M. S., & Hsu, S. H. (2009). Aware Public/Personal Diversity of Information Services based on embedded RFID Platform. *Proc. of ICACT, 2009,* 1145-1150.

Jian, M. S., Chou T. Y., Hsu, S. H. (2009). RFID Encryption/Decryption Technology Aided Multimedia and Data Intellectual Property Protection. *WSEAS Trans. on Communications, Vol. 8, Issue 7, 2009,* 734-743.

Jian, M. S., Chou T. Y., Hsu, S. H. (2012). Usługi informacyjne związane z mobilnością i lokalizacją w oparciu o wbudowaną platformę RFID. *Int. J. Ad Hoc and Ubiquitous Computing, Vol. 9, No. 2,* 122-131.

Cheng, K. W. E., Lu, Y. (2003). Development of a contactless power converter, *IEEE ICIT, vol. 2, 2003,* 786-791.

Jian, M. S., Chen , Y. L., Tong R. W., Lin, Y. H., Cheng C. (2017). Różne ekologiczne źródła energii w inteligentnej sieci energetycznej opartej na chmurze. *ICACT,* 660-663.

Jian, M. S., Fang, Y. C., Tong R. W., Lin, Y. H., (2016) Wireless Green Energy Power Transmission System based on Assembly Method and Pivoting Antenna Module. *ICASI,* 1-4.

Lee, D. S., Liu, Y. H., Lin, C. R. (2012). A Wireless Sensor Enabled by Wireless Power, *Sensors 2012, 12(12),* 16116-16143

Ostaffe, H. (2012). Odzyskane 16 sierpnia 2012 r., z http://www.powercastco.com/uhf-rfid-sensing-passive-rfid-wireless-sensor-tags/.

Smith, J. R. (2011). WISP (Wireless Identification and Sensing Platform). Odebrane w 2011 r., z https://sensor.cs.washington.edu/WISP.html.

Wu, C. C., Jian, M. S., Chou, T. Y. (2011). Environmental Affection Based RFID Potential Bio-Disease Tracking/Tracing System, WSEAS Transactions on Systems. Transakcje systemowe WSEAS, tom *10, wydanie 2, 2011,* 38-48.

Wu, Y., Liu, P., Qiu, J., Dai G. (2015). Włączenie zrównoważonych sieci czujników z bezdotykowym ładowaniem: efektywne wykorzystanie węzłów energetycznych. *Int. J. of Sensor Networks, 2015, Vol. 18, No.3/4,* 172-181.

Far Eastern Electronic Toll Collection Co., Ltd. Ltd. , https://www.fetc.net.tw/en/

Talapko, D., Tesnjak, S. (2014) Influence of Distributed Power Generation Sources on Improvement of Power Supply Availability in Telecom Infrastructure, *IEEE DPSP*, 12-21.

Gujar, M., Datta, A., Mohanty, P. (2013) Smart Mini Grid: Innowacyjny system rozproszonej generacji oparty na energii, *IEEE ISGT*, 1-5.

Luo, Y., He, J., Liu, H. (2014) Application of the Distributed Generation, Micro and Smart Power Grid in the Urban Planning, *IEEE-Cyber*, 634-637.

Jian, M. S., Chen, Y. L., Li, S. J. (2015) "Wireless Power Charger with Dynamic Pivoting Antenna Module for Various Wireless Sensor," 13th EHAC'15, 110-113.

Son, S.H., Jones, G. G. (2014) "Electronic device stand," US Patent 8737064.

## Spis treści

Printed by Books on Demand GmbH, Norderstedt / Germany